Inhaltsverzeichnis

1. Einleitung — 2
2. Die Doshas — 8
3. Die 6 Geschmäcker des Ayurveda — 19
4. Wie man praktisch erholsamen Schlaf erhält — 24
5. Praxisteil Meditationsübungen — 27
6. Ayurvedische Praktiken zur Verbesserung Ihrer Verdauung — 31
7. Die Vorteile der Ayurveda Selbstmassage "Abhyanga" — 39
8. Geisteshaltung — 44

Gesund durch Ayurveda

Abnehmen, Entgiften, Heilen: Für mehr Lebensqualität und Wohlbefinden

Jeannie Blender

1. Einleitung

Tausende von Jahren, bevor die moderne Medizin wissenschaftliche Beweise für die Verbindung zwischen Geist und Körper lieferte, entwickelten die Weisen der vedischen Hochkultur, wovon heute nur noch Bruchteile, in Regionen Indiens vorhanden sind, Ayurveda, das nach wie vor eines der fortschrittlichsten und mächtigsten Körper-Geist-Gesundheitssysteme der Welt ist. Mehr als nur ein System zur Behandlung von Krankheiten. Ayurveda ist eine Wissenschaft des Lebens (Ayur = Leben, Veda = Wissenschaft oder Wissen). Es bietet eine Fülle von Weisheiten, die Menschen helfen, lebendig und gesund zu bleiben und ihr volles menschliches Potenzial zu entfalten.

Die zwei Hauptleitprinzipien von Ayurveda sind 1) der Verstand und der Körper sind untrennbar miteinander verbunden, und 2) nichts hat mehr Kraft, den Körper zu heilen und zu transformieren als der Geist. Die Freiheit von Krankheit hängt davon ab, unser eigenes Bewusstsein zu erweitern, es ins Gleichgewicht zu bringen und dieses Gleichgewicht dann auf den Körper auszudehnen.

Dieser Prozess ist nicht so kompliziert, wie es klingen mag. Wenn Sie zum Beispiel meditieren, gelangen Sie mühelos in einen Zustand erweiterten Bewusstseins und innerer Ruhe, der den Geist erfrischt und das Gleichgewicht wiederherstellt. Da Körper und Geist untrennbar sind, wird der Körper auf natürliche Weise durch Meditation ausgeglichen. In dem Zustand des erholsamen Bewusstseins, der durch Meditation, Herzfrequenz und Atemzug langsam erzeugt wird, verringert der Körper die Produktion von Stresshormonen wie Cortisol und Adrenalin und erhöht die Produktion von Neurotransmittern, die das Wohlbefinden steigern, einschließlich Serotonin, Dopamin, Oxytocin und Endorphin.

Meditation ist nur eines der mächtigsten Werkzeuge, die die alten ayurvedischen Ärzte verschrieben haben, um Körper und Geist in Einklang zu bringen. Ayurveda bietet auch viele andere Praktiken, um das Selbstbewusstsein zu erweitern und den angeborenen Zustand des Gleichgewichts zu kultivieren. Eigentliches Ziel des Ayurveda ist es, Körper und Geist in Einklang zu bringen, damit die Seele darin so agieren kann, das Selbsterkenntnis und dadurch letzten Endes Befreiung erfolgt.

Hier sind einige der wichtigsten Aspekte des ayurvedischen Ansatzes und Vorschläge zur Anwendung, um perfekte Gesundheit in Ihrem eigenen Leben zu schaffen:

Verstehen Sie Ihren einzigartigen Geist-Körper-Typ und die spezifischen Bedürfnisse, die sich daraus ergeben. Ayurveda ist ein personalisierter Ansatz für die Gesundheit, und wenn Sie Ihren Körper-Geist-Typ kennen, können Sie optimale Entscheidungen über Ernährung, Bewegung, Nahrungsergänzungsmittel und alle anderen Aspekte Ihres Lebensstils treffen. Sie können im weiteren Verlauf dieses E-Books mehr über ayurvedische Körper-Geist-Typen erfahren und herausfinden, wie Sie Ihren eigenen individuellen Typ identifizieren können.

Essen Sie bunt, abwechslungsreich und geschmackvoll

Neben dem Atmen ist Essen unsere wichtigste Körperfunktion. Um einen gesunden Körper und Geist zu schaffen, muss unsere Nahrung nahrhaft sein. Ideale Ernährung kommt durch den Verzehr einer Vielzahl von frischen Lebensmitteln, die angemessen zubereitet und mit Bewusstsein gegessen werden. Ein einfacher Weg, um sicherzustellen, dass Sie eine ausgewogene Ernährung erhalten, ist es, die sechs ayurvedischen Geschmacksrichtungen (süß, salzig, sauer, scharf, bitter und adstringierend) in jede Mahlzeit einzubeziehen. Auf diese Weise wird sichergestellt, dass alle wichtigen Lebensmittelgruppen und Nährstoffe vertreten sind. Wenn Sie alle sechs Geschmäcke mit einbeziehen, werden Sie feststellen, dass Sie zufrieden sind und dass der Drang, zu essen und insbesondere zu viel zu essen, abnimmt.

Zusammen mit den sechs Geschmäckern fördert die Füllung des Tellers mit den Farben des Regenbogens ein langes und gesundes Leben. Sie können buchstäblich die Informationen des Universums in Ihre Biologie aufnehmen. Nahrungsmittel, die tief blau, purpurrot, rot, grün oder orange sind, sind führend in ihrem Anteil an Antioxydantien und enthalten viele Nährstoffe, die Immunität und Gesundheit erhöhen.

Holen Sie sich reichlich erholsamen Schlaf.

Nach Ayurveda ist der Schlaf das Kindermädchen für die Menschheit. Während des Schlafes repariert und verjüngt sich unser Körper. Ein Mangel an erholsamem Schlaf stört das körpereigene Gleichgewicht, schwächt unser Immunsystem und beschleunigt den Alterungsprozess. Menschen brauchen in der Regel zwischen sechs und acht Stunden erholsamen Schlaf jede Nacht. Erholsamer Schlaf bedeutet, dass Sie keine Pharmazeutika oder Alkohol zum Einschlafen verwenden, sondern dass Sie leicht abdriften, wenn Sie das Licht ausschalten und nachts gut schlafen. Wenn Sie sich beim Aufwachen energisch und lebhaft fühlen, hatten Sie eine erholsame Nacht. Wenn Sie sich müde und wenig begeistert fühlen, haben Sie keinen erholsamen Schlaf. Anregungen zur Schlafroutine folgen später.

Lebe im Einklang mit der Natur.

Der Ausdruck "Leben im Einklang mit der Natur" hat im Ayurveda eine präzise Bedeutung: gesunde Wünsche zu haben, die zu dem passen, was Sie wirklich brauchen. Wie die Natur dich gemacht hat, was du brauchst und was du willst, sollte nicht in Konflikt sein. Wenn Sie im Gleichgewicht sind, wünschen Sie natürlich nur das, was Ihre Gesundheit und Ihr Leben fördert. Du fließt in Harmonie mit den natürlichen Rhythmen deines Körpers, bekommst einen erholsamen Schlaf und fütterst deine Sinne mit Erfahrungen, Geschmäckern, Berührungen, Aromen, Klängen und Sehenswürdigkeiten, die dich erheben und nähren. Wenn Sie mit der Natur verstimmt und nicht in Einklang sind, werden Ihre Wünsche nicht nährend sein, und Sie tendieren eher dazu ungesundes Essen zu verlangen, den Körper zu vernachlässigen, zu schlafen, Sport zu treiben und sich zwanghaften Verhaltensweisen hinzugeben. Überstunden, oder ein sonstiges ungeplantes Ereignis, kann leicht ein kleines Ungleichgewicht und im Verlauf eine handfeste Störung und nachfolgend zu einer Krankheit werden, die mehr Stress verursacht.

Übung: Stellen Sie sich auf Ihren Körper ein.

Du kannst Entscheidungen treffen, die dich in Harmonie mit deiner inneren Intelligenz und deinen Rhythmen halten, indem du dich in die Botschaften deines Körpers einfühlst.

Der Körper drückt sich immer durch Signale von Wohlfühlen und Unbehagen aus.

2. Die Doshas

*"Deine Doshas glücklich zu machen, wird dich glücklich machen.
Das ist das Geheimnis, um das gesamte Körper-Geist-System auszubalancieren."*
Deepak Chopra

In den letzten zehn Jahren hat sich die personalisierte Medizin als eine der vielversprechendsten Entwicklungen in der modernen Gesundheitsversorgung herauskristallisiert und bietet einen Ansatz, der die medizinische Versorgung und Behandlung auf die individuellen Merkmale eines Individuums, einschließlich des molekularen und genetischen Profils einer Person, abstimmt. Fortschritte in der wissenschaftlichen Forschung haben unsere Fähigkeit erhöht zu prognostizieren, welche Therapien und Behandlungen für jede Person sicher und effektiv sind - und welche nicht.

Aus der Perspektive der konventionellen westlichen Medizin ist die personalisierte Medizin ein relativ neues Gebiet, und doch ist ein individualisierter Gesundheitsansatz seit Tausenden von Jahren ein Eckpfeiler der ayurvedischen Medizin. Ayurveda, eines der ältesten Naturheilsysteme der Welt, lehrt, dass jede gesundheitsbezogene Maßnahme - egal ob Bewegungsprogramm, Diätplan oder Ergänzung - nach dem individuellen Verfassungstyp und den spezifischen Bedürfnissen beurteilt werden muss. Im Ayurveda wird dein konstitutioneller Körpertyp als dein Prakriti bezeichnet - ein Sanskrit-Ausdruck, dessen wörtliche Übersetzung "essentielle Natur" ist. Dein Prakriti ist im Moment der Empfängnis festgelegt und ist der Bauplan aller angeborenen Tendenzen, die in deinen Geist eingebaut sind - dass gesamte Körpersystem, einschließlich Ihrer körperlichen und emotionalen Eigenschaften.

Wenn Sie mehr über Ihren ayurvedischen Körpertyp erfahren, erhalten Sie wertvolle Informationen zur Förderung der inneren Intelligenz Ihres Körpers. Dieses Verständnis ermöglicht es Ihnen, die beste Wahl für Ihre eigene Gesundheit und Ihr Wohlbefinden zu treffen, einschließlich der Identifizierung der Lebensmittel, Aktivitäten und des Lebensstils, die den größten Nutzen haben. Jede Substanz, Erfahrung und jeder Sinneseindruck trägt Energie und Informationen, die Ihre Physiologie entsprechend den einzigartigen Eigenschaften Ihres Körpers und Geistes interpretiert. Als integratives Körper-Geist-

Heilsystem erkennt Ayurveda an, dass Körper und Geist untrennbar miteinander verbunden sind. Für jedes Ereignis, das im Geist vorkommt, gibt es ein entsprechendes Ereignis im Körper. Zum Beispiel erzeugen glückliche Gedanken aller Art, einschließlich der Gedanken an Liebe, Frieden, Mitgefühl, Freundlichkeit und Ruhe, einen entsprechenden Zustand im Körper, indem sie einen Fluss von Neurotransmittern und Hormonen im Nervensystem auslösen.

Geist und Körper

Laut Ayurveda gibt es an dem Kreuzungspunkt, an dem Gedanken zu einer physischen Manifestation im Körper werden, drei regierende Agenten, die Doshas. Doshas sind Geist-Körper-Prinzipien, die den Fluss der Intelligenz in der gesamten Physiologie steuern. Sie sind extrem wichtig, weil sie den Dialog des Geistes mit dem Körper erleichtern. Von deinen frühesten Jahren an haben all deine Gedanken, Gefühle, Wünsche, Träume und andere mentale Ereignisse Veränderungen in deiner Physiologie hervorgebracht, die deinen Körper formen, den du Heute hast. Wie die alten vedischen Weisen lehrten, wenn du wissen willst, wie dein Körper in zehn Jahren sein wird, schaue dir die Gedanken an, die du heute hast. Leider sind die Botschaften des Geistes für viele Menschen eher schädlich als vorteilhaft. Jahre der stressigen, ängstlichen Gedanken fordern den Körper, was zu einem beschleunigten Altern und einer erhöhten Krankheitswahrscheinlichkeit führt.

Laut Ayurveda stört ein Ungleichgewicht in den Doshas den Fluss der Intelligenz in der gesamten Geist-Körper-Physiologie und ist die zugrunde liegende Ursache von Störungen und Krankheiten. Die Wiederherstellung des Gleichgewichts in den Doshas schafft jedoch die Möglichkeit eines Körper-Geist-Systems, das immer gesund ist und sich entwickelt. Nachdem wir die Wichtigkeit von Doshas unterstrichen haben, wollen wir uns jedes der drei Doshas näher ansehen und herausfinden, welches der Doshas in Ihrem konstitutionellen Typ vorherrschend ist.

Die drei primären Doshas

Es gibt drei Doshas im ayurvedischen System: Vata, Pitta und Kapha. Jedes Dosha wird von zwei der fünf Hauptelemente oder Mahabhutas regiert, die alles in unserem Körper und alles außerhalb unseres Körpers ausmachen: Raum, Luft, Feuer, Wasser und Erde. Der Raum trägt alle Aspekte der reinen Potentialität - unendliche Möglichkeiten; Luft hat die Qualitäten von Bewegung und Veränderung; Feuer ist heiß, direkt und transformierend; Wasser ist kohäsiv und schützend; und die Erde ist fest, geerdet und stabil.

Gemäß Ayurveda werden wir alle mit einer unterschiedlichen Menge jedes Elements in unserer Geist-Körper-Konstitution geboren. Einige von uns haben mehr Feuer und Wasser, das sind die zwei Elemente, aus denen das Pitta-Dosha besteht.

Wenn Feuer und Wasser die vorherrschenden Elemente in unserer Konstitution sind, dann wird unser primäres Dosha als Pitta angesehen. Hier sind die drei primären

Doshas, die Elemente, die sie umfassen, und wie sie sich in unserem physischen Körper und emotionalen Eigenschaften manifestieren sowohl wenn diese Elemente im Gleichgewicht sind als auch wenn sie aus dem Gleichgewicht sind.

Vata: Bewegung und Veränderung

Vata besteht aus den Raum- und Luftelementen und kontrolliert, steuert alle Bewegungen im Körper, einschließlich der Bewegung Ihrer Stimmbänder, wenn Sie sprechen, des Blutflusses, der Bewegung Ihrer Arme und Beine und der Bewegung des Denkens.

Eigenschaften von Vata:
Kalt, leicht, trocken, unregelmäßig, rauh, beweglich, schnell, veränderbar.
Wenn Vata Dosha vorherrscht, sind Bewegung und Veränderung charakteristisch für Ihre Natur.

Physikalische Merkmale:
Diejenigen, die Vata Dosha dominieren, haben normalerweise einen dünnen, hellen Körperbau und ausgezeichnete Agilität. Ihre Energie kommt in Stößen und sie werden wahrscheinlich plötzliche Erschöpfungszustände erleben. Vatas haben typischerweise trockene Haut und Haare und kalte Hände und Füße.
Sie schlafen leicht und ihre Verdauung kann empfindlich sein. Wenn das Vata- Dosha unausgeglichen wird, manifestiert es sich im Körper als Gewichtsverlust, Verstopfung, Bluthochdruck, Arthritis, Schwäche, Unruhe und Verdauungsprobleme.

Eigenschaften:
Vatas lieben Aufregung und neue Erfahrungen. Sie sind schnell wütend, aber vergeben auch schnell. Wenn Vatas im Gleichgewicht sind, sind sie energisch, kreativ und flexibel. Sie ergreifen auch Initiative und sind lebhafte Gesprächspartner. Wenn sie unausgeglichen sind, sind sie anfällig für Sorgen und Ängste und leiden oft unter Schlaflosigkeit. Wenn sie sich überfordert oder gestresst fühlen, lautet ihre Antwort: "Was habe ich falsch gemacht?"

Pitta: Transformation und Metabolismus Die Elemente, aus denen Pitta besteht, sind Feuer und Wasser.

Pitta regelt alle Körperfunktionen, die mit der Verdauung, dem Stoffwechsel und der Energieproduktion zusammenhängen.

Eigenschaften von Pitta:
Heiß, leicht, intensiv, durchdringend, stechend, scharf, sauer. Diejenigen mit einer Vorherrschaft des Pitta-Prinzips, haben eine feurige Natur, die sich sowohl im Körper als auch im Geist manifestiert.

Physikalische Merkmale:
Menschen mit einer Vorherrschaft von Pitta sind normalerweise von mittlerer Größe und Gewicht. Sie haben manchmal leuchtend rote Haare, oder Glatze oder dünner werdendes Haar ist auch in einem Pitta zustand üblich. Sie haben eine ausgezeichnete Verdauung, was sie manchmal glauben lässt, dass sie

alles essen können. Sie haben eine warme Körpertemperatur. Sie schlafen für kurze Zeit gut und haben einen starken Sexualtrieb. Im Gleichgewicht haben Pittas einen strahlenden Teint, perfekte Verdauung, reichlich Energie und einen starken Appetit. Wenn es aus dem Gleichgewicht kommt, kann Pitta Hautausschläge, brennende Empfindungen, Magengeschwüre, übermäßige Körperwärme, Sodbrennen und Verdauungsstörungen verursachen.

Eigenschaften:
Pittas haben einen starken Intellekt und eine starke Fähigkeit, sich zu konzentrieren. Wenn sie im Gleichgewicht sind, sind sie gute Entscheidungsträger, Lehrer und Redner. Sie sind präzise, scharfsinnig, direkt und oft freimütig. Unausgewogene Pittas können kurzatmig und streitsüchtig sein. Wenn Pittas überlastet sind, lautet ihre typische Antwort: "Was hast du falsch gemacht?"

Kapha: Struktur

Kapha ist abgeleitet von den Elementen Wasser und Erde. Dieses Dosha steuert die Struktur des Körpers und erhält die Kraft und die physische Form von Knochen, Muskeln und Sehnen bis hin zu den Zellen.

Kapha-Qualitäten:
Schwer, langsam, stetig, fest, kalt, weich, ölig.

Physikalische Eigenschaften:
Kapha-Typen haben einen starken Körperbau und eine ausgezeichnete Ausdauer.

Große, weiche Augen; glatte, strahlende Haut; und dicke Haare sind ebenfalls wichtige Kapha-Eigenschaften. Diejenigen, die überwiegend vom Kaphatyp sind, schlafen gesund und haben eine normale Verdauung. Aber wenn Kapha im Überfluss regiert, kann es sich zu Übergewicht,

Gewichtszunahme, Flüssigkeitsretention und Allergien im Körper manifestieren. Wenn sie aus dem Gleichgewicht sind, können Kapha-Typen übergewichtig werden, übermäßig schlafen und unter Asthma, Diabetes und Depressionen leiden.

Emotionale Eigenschaften: Kaphas sind von Natur aus ruhig, nachdenklich und liebevoll.

Sie haben eine inhärente Fähigkeit, das Leben zu genießen und sind mit der Routine vertraut. Im Gleichgewicht sind Kaphas stark, loyal, geduldig, beständig und unterstützend.

Menschen mit einem Übermaß an Kapha neigen dazu, an Dingen, Jobs und Beziehungen festzuhalten, lange nachdem sie nicht mehr nährend oder notwendig sind. Überschüssiges Kapha im Kopf manifestiert sich als Widerstand gegen Veränderung und Sturheit. Angesichts des aufkommenden Stresses lautet die typische Antwort von Kapha: "Ich will mich nicht damit befassen."

Sie können Ihren konstitutionellen Typ herausfinden, indem Sie einen guten Online-Test durchführen.

Anwendung von Ayurveda zur medizinischen Behandlung

In der Praxis sollte immer berücksichtigt werden, wie das zugrundeliegende Dosha eines Patienten oder dessen Hauptungleichgewicht gelagert ist, wenn Sie Behandlungen aus den vielen verfügbaren Optionen auswählen. Zum Beispiel, wenn ich jemanden sehe, der die Symptome von Bluthochdruck sowie ein Kapha-Ungleichgewicht hat, kann ich ein Diuretikum verschreiben, da überschüssiges Wasser ein Hauptfaktor ist.

Ich würde auch mehr Bewegung oder körperliche Aktivität fördern, da Bewegungsmangel oft ein ursächlicher Faktor für diese Personen ist. Bei einer

Vata-Typ-Person mit Hypertonie kann jedoch ein Diuretikum tatsächlich Schaden anrichten, da das Vata-System dazu neigt, zu viel Trockenheit (Luft und Raum) zu haben. Ich habe beobachtet, dass Vatas oft mehr Nebenwirkungen und Elektrolytstörungen aufgrund der Diuretika haben. Für diese Personen könnte ein Beta-Blocker eine bessere Wahl sein, da dies die Erregungswege im Körper "verlangsamt".

Außerdem empfehle ich Meditation und beruhigende Aktivitäten, um die überschüssige Energie als Ergänzung zu (oder zeitweise statt) einer Medizin einzusetzen. Alternativ kann ich für jemanden mit Hypertonie, der vorwiegend ein Pitta-Typ ist oder ein Pitta-Ungleichgewicht hat, einen Kalziumkanalblocker wählen, da dieses Medikament bei der Regulierung des Prozesses des "Energieaustausches" im Körper vorteilhafter sein kann - repräsentiert durch das Feuerelement von Pitta. Dies ist nur ein Beispiel dafür, wie wir die Wahl des Medikaments optimal auf das Individuum abstimmen können. Im Gegensatz zur Schulmedizin, die bis vor kurzem davon ausgegangen ist, dass eine bestimmte Störung oder Krankheit bei allen Menschen gleich ist, findet sich im Ayurveda große Bedeutung für die Anerkennung der einzigartigen Eigenschaften der einzelnen Menschen.

Ayurvedisches Verständnis der konstitutionellen Typen oder Doshas bietet uns eine bemerkenswert genaue Möglichkeit, um zu bestimmen, was in jedem einzelnen geschieht, so dass wir Behandlungen entsprechend anpassen und spezifische Lifestyle-Empfehlungen zur Vorbeugung von Krankheiten und zur Förderung der Gesundheit und Langlebigkeit bieten können. Die Ausgewogenheit der Doshas ist einer der wichtigsten Faktoren, um das gesamte Körper-Geist-System in Balance zu halten.

Wenn unser Geist-Körper-System in Balance ist und wir uns mit unserer inneren Weisheit und Intelligenz verbinden, können wir unser volles menschliches Potential am besten verwirklichen und unseren optimalen Seinszustand erreichen.

3. Die 6 Geschmäcker des Ayurveda

Im Ayurveda gibt es sechs Geschmacksrichtungen oder Rasas: süß, sauer, salzig, bitter, scharf und adstringierend. Ayurveda empfiehlt, jeden Geschmack bei jeder Mahlzeit einzubeziehen. Die Überzeugung ist, dass die Einbeziehung aller sechs Geschmäcker in Ihre Mahlzeiten und die Anpassung der Mengen an Ihre persönliche Konstitution Ihnen helfen wird, ausgewogene Ernährung und gute Gesundheit aufrechtzuerhalten und insgesamt zufrieden zu sein.

Die 6 Rasas

Der Geschmack besteht aus den gleichen fünf Elementen, aus denen die Doshas bestehen: Raum, Luft, Feuer, Wasser und Erde. Und jeder Geschmack wirkt sich auf Vata, Pitta und Kapha aus. Wenn Ihre Doshas aus dem Gleichgewicht geraten, können diese sechs Geschmacksrichtungen Ihnen helfen, dieses Ungleichgewicht zu beheben.

Süß (verringert Vata und Pitta, erhöht Kapha)

Der süße Geschmack besteht aus Wasser und Erde und eignet sich gut zum Ausgleich von Vata und Pitta. Von den sechs Geschmäckern ist bekannt, dass Süß sozusagen das Grundnahrungsmittel ist. Wenn es in Maßen gegessen wird, fördert es Langlebigkeit, Stärke und gesunde Körperflüssigkeiten und Gewebe.

Wenn Sie versuchen, Gewicht zu gewinnen, ist süß der Geschmack den es zu betonen gilt. Seine schweren, öligen und feuchten Eigenschaften verlangsamen die Verdauung.

Der süße Geschmack ist in Lebensmitteln wie Weizen, Reis, Milchprodukten, Getreide, Dattel, Kürbis, Ahornsirup und Süßholzwurzel prominent.

Sauer (verringert Vata, erhöht Pitta und Kapha)

Der saure Geschmack besteht aus Wasser und Feuer. Es stimuliert den Appetit und die Speichelproduktion und gleicht seine leichten, erhitzenden und öligen Eigenschaften aus. Der saure Geschmack erweckt die Gedanken und Emotionen und kann Appetit, Verdauung und Ausscheidung verbessern. Es muss in Maßen gegessen werden, denn wenn Sie es im Übermaß essen, kann es schnell zu Aggressionen im Körper führen.

Einige saure Lebensmittel sind Zitrone, Essig, eingelegte und fermentierte Lebensmittel, Tamarinde und Wein.

Salzig (verringert Vata, erhöht Pitta und Kapha)

Der salzige Geschmack besteht aus Erde und Feuer. Es ist am besten für Vata wegen seiner Erdung und feuchtigkeitsspendenden Natur. Seine Hitze kann Pitta und Kapha verschlimmern. Es verleiht Lebensmitteln auch Geschmack, regt die Verdauung an, hilft beim Elektrolythaushalt, reinigt das Gewebe und erhöht die Aufnahme von Mineralien.

Zu viel Salz kann sich jedoch negativ auf Blut und Haut auswirken.

Beispiele für salzige Lebensmittel sind Meeresgemüse, Meersalz, Tamari, schwarze Oliven, Himalaya-Salz, Steinsalz und verarbeitete Lebensmittel, die Salz enthalten, obwohl verarbeitete Lebensmittel keine ideale oder empfohlene Salzquelle sind.

Scharf (erhöht Vata und Pitta, verringert Kapha)

Feuer und Luft machen den scharfen Geschmack aus. Scharfes Essen ist das heißeste aller Rasas und regt somit die Verdauung an, verbessert den Appetit, befreit die Nebenhöhlen, regt die Blutzirkulation an und erhöht die Sinneswahrnehmung. Scharfes Essen kann Ihnen helfen, schnell und klar zu denken und komplizierte Dinge leichter zu verstehen. Zu viel scharfes Essen kann Sie jedoch übermäßig kritisch machen. Scharfes Essen wird Pitta schnell verschlimmern und Kapha ausbalancieren. Vata behandelt scharfen Geschmack am besten, wenn sie mit sauren, süßen oder salzigen Speisen kombiniert werden.

Einige Beispiele für scharfe Speisen: scharfe Paprika, Ingwer, Zwiebeln, Knoblauch, Senf und scharfe Gewürze.

Bitter (erhöht Vata, verringert Pitta und Kapha)

Bitterer Geschmack besteht aus Luft und Raum. Es gilt als der leichteste aller Geschmäcker. Wegen seiner kühlen Eigenschaften ist es sehr entgiftend und kann dazu beitragen, Abfallprodukte aus dem Körper zu entfernen. Bittere Speisen helfen auch der geistigen Reinigung, indem sie dich von Leidenschaften und schweren Gefühlen befreien. Es ist das Beste für Pitta, gut für Kapha und am wenigsten vorteilhaft für Vata. Unter den bitteren Lebensmitteln sind rohes grünes Gemüse, Kurkuma und grüne, schwarze und die meisten Kräutertees.

Adstringierend (erhöht Vata, verringert Pitta und Kapha)

Der adstringierende Geschmack besteht aus Luft und Erde. Er ist kühlend, trocken und fest. Viele Bohnen und Hülsenfrüchte sind adstringierend und können Gas verursachen, weshalb Vatas Sie in Maßen essen sollte. Pitta profitiert am meisten von der Kälte des adstringierenden Geschmacks und seinen trockenen, leichten Eigenschaften, die Kapha ausgleichen. Wie bitteres Essen, hilft dir adstringierendes Essen, dich geistig zu reinigen und zu stärken. Unreife Bananen, grüne Trauben, Granatäpfel, Preiselbeeren, grüne Bohnen, Alfalfasprossen und Okra sind zusammenziehende, also adstringierende Lebensmittel.

4. Wie man praktisch erholsamen Schlaf erhält

Erholsamer Schlaf ist die Grundlage für Ihr geistiges und körperliches Wohlbefinden. Nach einem Tag der anregenden Aktivität braucht Ihr Körper einen tiefen Schlaf, damit Ihr Körper und Geist sich ausruhen und neu einstellen können. Wenn Sie ausgeruht sind, sind Sie wachsamer, können neue Informationen effizienter verarbeiten und Sie treffen bessere Entscheidungen. Auf der anderen Seite ist es wahrscheinlicher, dass Sie Fehler machen, wenn Sie keinen oder wenig Schlaf genommen haben, und es dauert entsprechend länger, Aufgaben zu erledigen.

Für eine maximale Verjüngung empfehlen wir mindestens 6 bis 8 Stunden erholsamen Schlaf pro Nacht, wobei zu beachten ist, dass die Stunden vor Mitternacht im Allgemeinen am verjüngendsten sind. Zum Beispiel, wenn Sie acht Stunden zwischen 22 Uhr schlafen. und 6 Uhr morgens, werden Sie sich ausgeruhter fühlen als wenn Sie zwischen Mitternacht und 8 Uhr morgens acht Stunden schlafen.

Um einen erholsamen Schlaf zu fördern, versuchen Sie diese Abendroutine oder zumindest Teile dieser Routine:

- Iss ein leichtes Abendessen
- Machen Sie einen gemütlichen Spaziergang nach dem Essen
- Minimieren Sie aufregende, erschwerende oder geistig intensive Aktivitäten nach 20:30 Uhr.
- Etwa eine Stunde vor dem Schlafengehen ein heißes Bad laufen lassen, in das Sie ein paar Tropfen Entspannendes Öl geben.
- Verdunste entspannende Aromen in Ihrem Schlafzimmer.
- Während Sie Ihr Bad laufen lassen, führen Sie eine langsame Selbstmassage mit Öl (Abhyanga) durch und tauchen Sie dann 10 bis 15 Minuten lang in die warme Wanne ein.
- Während Sie sich "einweichen", lassen Sie die Lichter gedimmt oder zünden Sie eine Kerze an und hören beruhigende Musik.
- Nach dem Bad trinken Sie eine Tasse warmen, entspannenden Kräutertee.

Wenn dein Geist sehr aktiv ist, tauche ein paar Minuten, unmittelbar vor dem Schlafengehen ein. "Downloaden" Sie Ihre Gedanken und Bedenken, damit Sie nicht über sie nachdenken müssen, wenn Sie die Augen schließen. Ein Tagebuch kann helfen.

- Lesen Sie einige Minuten lang inspirierende oder spirituelle Literatur vor dem Schlafengehen.
- Vermeiden Sie dramatische Romane oder beunruhigendes Lesematerial.
- Schau nicht fern oder arbeite im Bett.
- Sobald Sie im Bett sind, schließen Sie Ihre Augen und fühlen Sie einfach Ihren Körper. Konzentrieren Sie sich auf Ihren Körper und wo auch immer Sie Spannung bemerken, entspannen Sie bewusst diesen Bereich.
- Dann beobachte einfach dein langsames, leichtes Atmen bis du einschläfst.

Wenn Sie immer noch nicht einschlafen können, versuchen Sie diese drei Meditationen, um Ihren Geist zu beruhigen und Ihnen beim Einschlafen zu helfen.

5. Praxisteil Meditationsübungen

3 Meditationen, um deinen Verstand zu beruhigen und dir zu helfen, einzuschlafen

Es ist keine Überraschung, dass so viele Menschen es schwer haben einzuschlafen - und eine gute Erholung zu bekommen, sobald sie es tun.

In der heutigen hektischen Gesellschaft eilen viele Menschen aus ihren Betten in ihr Leben und kehren gerade rechtzeitig zum Absturz nach Hause zurück, bevor sie am nächsten Tag wieder von vorne anfangen. Es gibt nicht genug Stunden am Tag, um die Dinge zu tun, die wir erledigen müssen, geschweige denn, zu den Dingen zu kommen, die wir tatsächlich genießen und tun wollen.

Wenn wir endlich Zeit haben, entspannen wir uns, indem wir fernsehen oder Social Media und allgemein per Internet, auf unseren Smartphones lesen. Diese Art von Aktivitäten fügt tatsächlich einem bereits überladenen Lebensstil mehr Reize hinzu, was es für unsere rauchenden Köpfe fast unmöglich macht, sich niederzulassen.

Um sich auf erholsamen Schlaf vorzubereiten, sind hier drei Formen von Meditationen aufgeführt, die helfen können, den Geist zu beruhigen und Sie in einen entspannten Zustand zu versetzen, damit Sie eine gute Nachtruhe bekommen können.

Rekapitulation

Rekapitulation, ist der Akt des Überprüfens Ihres Tages von Anfang bis Ende jeden Abend kurz vor dem Einschlafen. Diese geführte Visualisierung kann dir helfen, dich zu entspannen und sogar Zeuge zu werden - die fünfte Ebene des Bewusstseins, bekannt als kosmisches Bewusstsein. Es kann auch helfen, klares Träumen zu kultivieren.

Um dies zu tun, setze dich aufrecht in dein Bett, bevor du das Licht ausschaltest.

Schließen Sie Ihre Augen und gehen Sie zurück zu dem Moment, an dem Sie früher an diesem Morgen aufgewacht sind. Überprüfe alles, was du erlebt hast, seit du aufgewacht bist bis zum aktuellen Zeitpunkt. Versuchen Sie, nur in einer Position zu bleiben, an der Sie nur Ihren Tag beobachten, anstatt Ihre Erfahrungen zu beurteilen oder zu bewerten.

Der Rekapitulationsprozess sollte nur ein oder zwei Minuten dauern. Hören Sie nicht auf dem Weg auf und "hängen" Sie in allem, was auf dem Weg passiert ist.

Nachdem Sie dies getan haben, können Sie, wenn Sie sich ein bisschen mehr entspannen müssen, Yoga Nidra oder yogischen Schlaf machen.

Yoga Nidra

Yoga Nidra ist eine kraftvolle Technik, in der Sie lernen, sich bewusst zu entspannen. Das Wort Yoga bedeutet Vereinigung und das Wort Nidra bedeutet Schlaf. Es wird als der Zustand des dynamischen Schlafes bezeichnet, in dem man bewusst bleibt. In Yoga Nidra erreichen Sie den Zustand zwischen Wachen und Träumen, wo Ihre Gehirnwellen in das Alpha-Gehirnwellenmuster eintreten und Sie einen tiefen Zustand der Entspannung erfahren. Entferne dich von äußeren Reizen und gehe nach innen, um diese tiefe Entspannung zu erreichen.

Der Yoga-Nidra-Prozess führt Sie durch eine sensorische Erfahrung, bei der Sie Ihren gesamten physischen Körper, einen Bereich nach dem anderen entspannen. Die Dauer von Yoga Nidra kann von 10 Minuten bis zu 90 Minuten reichen, abhängig von der Zeit, die Sie haben und Ihrem bevorzugten Explorationslevel.

Man kann ein Yoga Nidra-Skript, mit Ihrer eigenen Stimme auf Ihrem Smartphone oder Tablet aufnehmen und selbst abspielen, während Sie sich auf die Ruhe vorbereiten.

Am empfehlenswertesten ist es, ein Mantra wie das sogenannte große Mantra, dass Maha Mantra zu rezitieren. Dass kann man - einmal verinnerlicht - jederzeit im Geiste abrufen und den Körper und Geist in einen ausgeglichenen Zustand des höheren, göttlichen Bewusstseins versetzen und sich vom weltlichen Abkoppeln. Diese Mantra-basierte Schlafmeditation kann sehr effektiv für diejenigen sein, die einen überaktiven Verstand und Schwierigkeiten beim Einschlafen haben.

Wiederhole das Mantra still zu dir selbst:

- Hare Krishna, Hare Krishna, Krishna Krishna, Hare Hare,
- Hare Rama, Hare Rama, Rama Rama, Hare Hare.

Es besteht keine Notwendigkeit, das Mantra mit deinem Atem zu synchronisieren.

Atme einfach normal. Wenn dein Geist in Gedanken versinkt, bringe deine Aufmerksamkeit zurück auf die Wiederholung des Mantras. Irgendwann dösen Sie wahrscheinlich in einen erholsamen Schlaf.

Schöne Träume!

6. Ayurvedische Praktiken zur Verbesserung Ihrer Verdauung

Die Heiltradition des Ayurveda lehrt, dass Gesundheit und Wohlbefinden von unserer Fähigkeit abhängen, alles zu verdauen, was wir aus der Umwelt aufnehmen.

Dazu gehören nicht nur materielle Substanzen wie Essen und Trinken, sondern auch unsere Erfahrungen, Emotionen und die Eindrücke, die wir über unsere Sinnesportale, nämlich unsere Augen, Ohren, Nase, Zunge und Haut, einnehmen. Agni ist der Sanskrit-Ausdruck für das "Verdauungsfeuer", das die Nahrung und andere Dinge, die wir aus der Umwelt aufnehmen, zersetzt, das Nützliche assimiliert und den Rest beseitigt.

Wenn unsere Verdauungsfähigkeit, oder Agni, stark ist, schaffen wir gesundes Gewebe, beseitigen Abfallprodukte effizient und produzieren eine subtile Essenz, die Ojas genannt wird. Ojas, ein Sanskritwort, das Stärke bedeutet, kann als die innerste lebenswichtige Essenz vorgestellt werden. Nach Ayurveda ist Ojas die Grundlage für Klarheit der Wahrnehmung, körperliche Stärke und Immunität.

Auf der anderen Seite, wenn unser Agni durch unsachgemäßes Essen, mangelnde Aktivität, negative emotionale Energie oder ungesunde tägliche Routine geschwächt wird, wird unsere Verdauung behindert und wir produzieren Giftstoffe, die im Körper gespeichert werden. Laut Ayurveda ist dieser giftige Rückstand, bekannt als ama, die Ursache der Krankheit.

Aufdecken der Hauptursachen von Verdauungsproblemen

Ob wir mit Gewichtsproblemen oder unangenehmen gastrointestinalen Symptomen wie Blähungen, Gas oder Verdauungsstörungen fertig werden, oft ist das zugrundeliegende Wurzelproblem ein schwaches Agni oder eine schlechte Verdauung. Leider sind wir in der westlichen Medizin nicht darauf trainiert, die Schlüsselfrage "Wie stark ist mein Verdauungsfeuer?" zu stellen. Stattdessen konzentrieren wir uns ausschließlich auf das Essen. Wenn ein Patient zu einem in konventioneller allopathischer Medizin ausgebildeten "Gesundheitsdienstleister", d.h. Arzt, geht, sind die Behandlungsmöglichkeiten für Verdauungsprobleme in der Regel Medikamente, die zur Kontrolle der Symptome dienen, aber nicht die zugrunde liegende Ursache behandeln.

Kein Wunder bei dem durch gewinnorientierte Pharmakonzerne orientierten Markt.

Selbst wenn der Ansatz eines Anbieters, Tests und die Beseitigung von Lebensmitteln beinhaltet, wird damit nur ein Teil des Problems angegangen. Während diese Behandlung das Essen anspricht, das aufgenommen wird, erkennt es nicht, warum es nicht richtig verdaut wird. Obwohl die Beseitigung von lästigen Nahrungsmitteln oft Symptome lindern kann, ist es für Patienten meist schwierig, diese Nahrungsmittel ständig zu meiden.

Es kann oftmals beginnen, ihre Lebensqualität zu stören. Das ayurvedische Agni-Konzept ermöglicht es uns, das Gespräch auf die wichtigsten Fragen auszuweiten: "Warum begann der Körper, dieses Essen falsch zu verdauen oder nicht zu tolerieren?" Und "Wie können wir beide das verletzende Mittel eliminieren und gleichzeitig Agni erhöhen?"

Dieser Ansatz eröffnet die Möglichkeit, das Essen zu einem späteren Zeitpunkt wieder einzuführen, so dass die Person dass Nahrungsmittel wieder vollständig erleben kann.

Umsetzung in der Praxis

Ayurveda empfiehlt eine Vielzahl praktischer Techniken, um unser Verdauungsfeuer stark zu halten. Die Einbeziehung dieser Praktiken in Ihr tägliches Leben kann Agni stärken und wiederum die Gewichtsabnahme erleichtern, den Stoffwechsel von Lebensmitteln verbessern und unangenehme Symptome minimieren.

Hier sind sechs leistungsstarke Möglichkeiten, um Ihr Agni zu stärken:

1.) Meditiere regelmäßig

Studien bestätigen zunehmend die genetischen Veränderungen, die bei regelmäßiger Meditation auftreten, was helfen kann, die Homöostase des Körpers wiederherzustellen, einschließlich der Prozesse, die die Verdauung steuern. Um den maximalen Nutzen zu erzielen, meditieren Sie 20 bis 30 Minuten lang, zweimal täglich, einmal am Morgen und einmal am Abend. Um mit Meditation zu beginnen oder Ihre Meditationspraxis zu vertiefen, empfiehlt es sich dass oben benannte Mantra regelmäßig zu wiederholen.

2.) Tägliche Bewegung

Machen Sie irgendeine Form der täglichen Bewegung, ob es ein kleiner Yogaablauf jeden Morgen ist, oder ein täglicher Spaziergang mit Mantrachanten - Eine kürzlich veröffentlichte Studie zeigte, dass ein kurzer 15-minütiger Spaziergang nach jeder Mahlzeit Zuckerspitzen nach dem Essen kontrollierte. Diese kurzen Spaziergänge nach dem Essen waren effektiver als ein 45-minütiger Spaziergang einmal täglich.

3.) Übermäßiges Essen

Wenn wir mehr essen, als unser Magen aufnehmen kann, können wir es nicht richtig abbauen. Wir neigen auch dazu, mehr Säure zu produzieren, was zu Reflux und Verdauungsstörungen führt. Darüber hinaus kann die Menge der produzierten Verdauungsenzyme nicht in der Lage sein, das aufgenommene Nahrungsvolumen vollständig abzubauen, was zu mehr Gasbildung, Unbehagen oder Blähungen führt. Ayurveda empfiehlt, dass wir ein Drittel bis zu einem Viertel unseres Magens leer lassen, damit unser Körper unsere Mahlzeit leicht verdauen kann. Sie kennen das Prinzip einer zu vollgestopften Waschmaschine.

Hier ist ein einfacher Weg, um eine ideale Portion Essen für eine Mahlzeit basierend auf Ihrer Körpergröße zu messen: Wenn sich Ihre Hände zusammen mit Ihren Fingerspitzen berührend, die Form einer Schüssel bilden, lässt sich daran leicht die empfohlene Menge an Essen für eine Mahlzeit abmessen - es ist das Äquivalent von zwei dieser Handvoll Essen. Natürlich können Sie weniger als zwei Handvoll essen, wenn Ihr Appetit kleiner ist.

4.) Trinken Sie den ganzen Tag über Ingwertee

Ingwer ist im Ayurveda aufgrund seiner vielen Vorteile für den Körper als "Universalmittel" bekannt und wird seit mehr als 2000 Jahren zur Behandlung von Verdauungsproblemen verwendet. Ingwer kann die glatte Muskulatur des Darms entspannen und dadurch die Symptome von Gas und Krämpfen lindern. Eine neuere Studie fand heraus, dass Ingwer die Verdauung beschleunigt, indem er die Bewegung von Nahrung aus dem Magen in den Dünndarm beschleunigt und hilft Verdauungsbeschwerden nach dem Essen zu beseitigen. Zusätzlich kann Ingwer Speichel, Galle und Magen-Enzyme stimulieren, um die Verdauung der aufgenommenen Nahrung zu unterstützen.

Die Forscher folgerten, dass diese wohltuenden Wirkungen ein Ergebnis von phenolischen Verbindungen, hauptsächlich Gingerol und Shogaol, und verschiedenen anderen flüchtigen Ölen sind, die in Ingwer enthalten sind. Ingwer-Tee-Rezept: Ingwertee ist erfrischend und einfach zu machen. Fügen Sie einfach einen Teelöffel geriebener oder in Scheiben geschnittener frischer Ingwerwurzel in eine Tasse heißes Wasser. Sie können eine größere Portion zubereiten und sie in einer Thermosflasche aufbewahren, um den ganzen Tag hindurch zu schlürfen.

5) Essen Sie Ihre größte Mahlzeit in der Mittagspause

Unsere Körper sind am besten in der Lage, mittags zu verdauen, wenn wir aktiv sind.
Wie Studien gezeigt haben, sondert unser Verdauungssystem gegen Mittag die höchste Konzentration an "Verdauungssäften" ab, was dies als die beste Zeit für unsere größte Mahlzeit darstellt. Am Abend verlangsamen sich unsere Körper und bereiten sich auf den Schlaf vor. Wenn wir unsere größte Mahlzeit am Abend essen, wenn unser Verdauungsfeuer schwächer ist, fühlen wir uns schwer und aufgebläht und werden eher Schwierigkeiten beim Einschlafen haben.

6) Konzentrieren Sie sich darauf, negative Emotionen loszulassen

Sie haben das zweifellos bemerkt - Emotionen beeinflussen deine Verdauung.
Sie können Sodbrennen bekommen. Wenn Sie unter Stress sind, verlieren Sie Ihren Appetit, ebenso wie wenn Sie traurig sind. Eine wachsende Zahl von Forschungsergebnissen zeigt, dass der Stress, der mit unverarbeiteten negativen Emotionen verbunden ist, den natürlichen Verdauungsprozess hemmen und zu chronischen Verdauungsproblemen führen kann.

Wie wir jetzt wissen, zeichnet ein komplexes, unabhängiges Nervensystem, das zenterale Nervensystem, den Gastrointestinaltrakt aus. Ohne in den Details dieses komplizierten Systems stecken zu bleiben, können wir kurz feststellen, dass es eine innige Beziehung zwischen unserem Gehirn und unserem Darm gibt, und unsere Verdauung auf die Gedanken und Emotionen reagiert.

Wenn wir eine Situation erleben, die wir als belastend interpretieren, können Signale aus dem Gehirn die Nervenfunktion zwischen Magen und Speiseröhre verändern, was zu Sodbrennen führt. Bei extremem Stress sendet das Gehirn Signale an die Immunzellen des Darms, die Chemikalien freisetzen, die zu Entzündungen führen. Diese Entzündung kann dann zu einer Malabsorption und sogar zu

Nahrungsmittelempfindlichkeiten führen, wenn der Stress chronisch wird. Indem wir lernen, Stress zu bewältigen und emotionale Turbulenzen zu lösen, helfen wir unserem Verdauungstrakt, auf natürliche und effiziente Weise zu arbeiten.

Eine bessere Verdauung mit einem starken Agni spielt eine zentrale Rolle für unser körperliches und emotionales Wohlbefinden. Wie Ayurveda erkennt, sind wir nicht das, was wir essen, sondern "wir sind, was wir verdauen." Indem wir Entscheidungen treffen, die unsere Verdauung stärken, bilden wir die Grundlage für gute Gesundheit und Vitalität.

7. Die Vorteile der Ayurveda Selbstmassage "Abhyanga"

Es gibt keinen größeren Ausdruck der Selbstliebe, als uns liebevoll von Kopf bis Fuß mit warmem Öl zu salben - diese Übung heißt Abhyanga. Das Sanskrit-Wort Sneha kann sowohl als "Öl" als auch als "Liebe" übersetzt werden. Es wird angenommen, dass die Wirkungen von Abhyanga denen ähneln, die man empfängt, wenn man mit Liebe gesättigt ist. Wie die Erfahrung, geliebt zu werden, kann Abhyanga ein tiefes Gefühl von Stabilität und Wärme vermitteln.

Eine tägliche Abhyanga-Übung stellt das Gleichgewicht der Doshas wieder her und fördert das Wohlbefinden und die Langlebigkeit. Regelmäßiges Abhyanga ist besonders wichtig für Vata Dosha-Ungleichgewichte, aber jeder kann von dieser Praxis profitieren.

Der Körper eines Menschen, der eine Ölmassage regelmäßig anwendet, wird selbst bei versehentlichen Verletzungen oder anstrengenden Arbeiten nicht stark beeinträchtigt. Durch die tägliche Ölmassage wird eine Person mit angenehmer Berührung ausgestattet, die Körperpartien stark, charmant und am wenigsten vom Alter betroffen. "

Vorteile von Abhyanga

- Nährt den ganzen Körper - verringert die Auswirkungen des Alterns
- Verleiht den Dhatus (Gewebe) des Körpers Muskeltonus und Vitalität
- Verleiht den Gliedern Festigkeit
- Schmiert die Gelenke
- Erhöht die Durchblutung
- Stimuliert die inneren Organe des Körpers
- Unterstützt die Beseitigung von Verunreinigungen aus dem Körper
- Bewegt die Lymphe und hilft bei der Entgiftung
- Erhöht die Ausdauer

- Beruhigt die Nerven
- Besserer Schlaf, tieferer Schlaf
- Verbessert die Sicht
- Macht das Haar (Kopfhaut) üppig, dick, weich und glänzend
- Erweicht und glättet die Haut; Falten werden reduziert und verschwinden
- Befriedigt Vata und Pitta und stimuliert Kapha

Abhyanga Routine und Öle

Massieren Sie Ihren Körper mit Liebe und Geduld für 15-20 Minuten. Hier sind die Empfehlungen für Häufigkeit und Ölsorte, basierend auf den Doshas:

- Vata Dosha: 4-5 mal pro Woche mit Sesam, Mandel oder einem Vata-Balancing-Öl
- Pitta Dosha: 3-4 mal pro Woche mit Kokosnuss, Sonnenblume oder einem Pitta-Ausgleichsöl.
- Kapha Dosha: 1-2 mal pro Woche Saflor oder einem Kapha-Balancing-Öl.
  Gut für alle Drei Doshas: Jojobaöl

Schritte zur Selbstmassage:

Wärmen Sie das Öl (gießen Sie ungefähr ¼ Tasse in einen Becher und erwärmen Sie es mit einem Kaffee-Tassenwärmer oder Babybrei Erwärmer.) Testen Sie die Temperatur, indem Sie einen Tropfen auf Ihr inneres Handgelenk geben, Öl sollte angenehm warm und nicht heiß sein

- Sitzen oder stehen Sie bequem in einem warmen Raum
- Tragen Sie das Öl zuerst auf Ihren Scheitel (adhipati marma) auf und arbeiten Sie langsam von dort aus in kreisenden Bewegungen - verbringen Sie einige Minuten damit, Ihre gesamte Kopfhaut zu massieren
- Gesicht: Massage in kreisenden Bewegungen an Stirn, Schläfen, Wangen und Kiefer (immer in Aufwärtsbewegung). Achten Sie darauf, Ihre Ohren, besonders Ihr Ohrläppchen - welches als der Sitz von essentiellen Marma-Punkten und Nervenenden gilt - zu massieren
- Verwenden Sie lange Striche an den Gliedmaßen (Arme und Beine) und kreisförmige Striche an den Gelenken (Ellbogen und Knie). Massiere immer in Richtung deines Herzens

- Massieren Sie den Bauch und die Brust in breiten, kreisenden Bewegungen im Uhrzeigersinn. Auf dem Bauch, folgen Sie dem Weg des Dickdarms; auf der rechten Seite des Bauches nach oben, dann nach unten auf der linken Seite
- Beenden Sie die Massage, indem Sie mindestens ein paar Minuten lang Ihre Füße massieren. Die Füße sind ein sehr wichtiger Teil des Körpers mit den Nervenenden von essentiellen Organen und vitalen Marmapunkten
- Setzen Sie sich mit dem Öl für 5-15 Minuten, wenn möglich, damit das Öl absorbieren und in die tieferen Schichten des Körpers eindringen kann
- Genießen Sie ein warmes Bad oder eine Dusche. Sie können eine milde Seife in den "strategischen" Bereichen verwenden, vermeiden Sie das starke Einseifen und Reiben des Körpers
- Wenn Sie aus dem Bad kommen, trocknen Sie das Handtuch sanft ab. Tupfen Sie das Handtuch auf Ihren Körper anstatt kräftig zu reiben

Genießen Sie das Gefühl, Ihren Körper und Geist genährt zu haben und tragen Sie diesen während Ihres ganzen Tages mit sich herum.

8 Geisteshaltung

Zum Abschluss werden wir uns mit dem Gesetz der geringsten Anstrengung beschäftigen

Die Intelligenz der Natur funktioniert mühelos, mit Sorglosigkeit, Harmonie und Liebe.
Und wenn wir die Kräfte der Harmonie, Freude und Liebe nutzen, schaffen wir Erfolg und Glück mit müheloser Leichtigkeit.
Ich werde das Gesetz der geringsten Anstrengung in Kraft setzen, indem ich mich dazu verpflichte, die folgenden Schritte zu unternehmen:

1. Ich werde Akzeptanz üben. Heute werde ich Menschen, Situationen, Umstände und Ereignisse akzeptieren, wenn sie auftreten. Ich werde wissen, dass dieser Moment so ist, wie er sein sollte, weil das ganze Universum so ist, wie es sein sollte. Ich werde nicht gegen das ganze Universum oder vielmehr Gott kämpfen, indem ich gegen diesen Moment ankämpfe. Meine Annahme ist vollständig. Ich akzeptiere Dinge so wie sie sind, nicht so, wie ich es wünschte.

2. Nachdem ich die Dinge so akzeptiert habe, wie sie sind, übernehme ich die Verantwortung für meine Situation und für all diese Ereignisse, die ich als Probleme sehe. Ich weiß, Verantwortung zu übernehmen bedeutet, niemanden oder irgendetwas für meine Situation verantwortlich zu machen (und das schließt mich ein). Ich weiß auch, dass jedes Problem eine Gelegenheit ist, sich zu verstecken oder Mut zu beweisen, und diese Wachsamkeit gegenüber Gelegenheiten ermöglicht es mir, diesen Moment zu nutzen und ihn in einen größeren Nutzen umzuwandeln.

3. Heute wird mein Bewusstsein in der Wehrlosigkeit begründet bleiben. Ich werde auf die Notwendigkeit verzichten, meinen Standpunkt zu verteidigen, und ich werde kein Bedürfnis haben, andere davon zu überzeugen, meinen Standpunkt zu akzeptieren. Ich werde für alle Gesichtspunkte offen bleiben und keinem von ihnen fest verbunden sein.

Viel Erfolg mit einem Leben im Einklang, mit mehr Leichtigkeit, Energie und dem Gefühl dafür dass alles von Gott kommt und wir nur kleine göttliche Funken mit einer einzigartigen und sehr individuellen Zusammensetzung sind.

Buchempfehlung

Emotionale-Intelligenz

Vielen Dank

Hiermit möchte ich mich bei dir für den Erwerb dieses Werks bedanken und hoffe sehr dass ich dir mit diesem Buch helfen, oder dir neue Impressionen geben konnte. Es macht mir große Freude den Lesern mit meinen Büchern zu helfen zu Unterstützen und neue Anregungen zu geben.

Ich danke dir für deine Zeit die du dir genommen hast um dich weiterzubilden und zu informieren. Denn die beste Investition, ist die in sich selbst.

Ich würde mich freuen wenn du dieses Buch positiv bewerten würdest, um persönlich besser zu werden und anderen Lesern einen Mehrwert zu bieten. Um auch weiterhin interessante und informative Bücher zu veröffentlichen.

Ich wünsche Dir alles Gute viel Erfolg und Gesundheit

Jeannie Blender

Impressum

© Autor Jeannie Blender

1. Auflage 2018

Alle Rechte vorbehalten.

Nachdruck, auch auszugsweise, verboten.

Kein Teil dieses Werkes darf ohne schriftlich

Genehmigung des Autors in irgendeiner Form

reproduziert, vervielfältigt oder verbreitet werden.

Kontakt: Andreas Walter/ Danziger Str. 26/ 31618

Liebenau

Covergestaltung: fiverr.com

Coverfoto: depositphotos.com

www.ingramcontent.com/pod-product-compliance
Lightning Source LLC
Chambersburg PA
CBHW031552210526
45464CB00003B/1278